L'ENSEIGNEMENT SUPÉRIEUR

DE

LA PHYSIQUE

EN ANGLETERRE

PAR

M. E. MATHIAS

PROFESSEUR A LA FACULTÉ DES SCIENCES DE L'UNIVERSITÉ
DE TOULOUSE

TOULOUSE
IMPRIMERIE A. CHAUVIN ET FILS
28, RUE DES SALENQUES, 28

1899

L'ENSEIGNEMENT SUPÉRIEUR

DE

LA PHYSIQUE

EN ANGLETERRE

L'ENSEIGNEMENT SUPÉRIEUR

DE

LA PHYSIQUE

EN ANGLETERRE

PAR

M. E. MATHIAS

PROFESSEUR A LA FACULTÉ DES SCIENCES DE L'UNIVERSITÉ
DE TOULOUSE

TOULOUSE

IMPRIMERIE A. CHAUVIN ET FILS

28, RUE DES SALENQUES, 28

1899

L'ENSEIGNEMENT SUPÉRIEUR

DE

LA PHYSIQUE

EN ANGLETERRE

Chargé par M. le Directeur de l'Observatoire de Toulouse de représenter cet établissement au Comité permanent de magnétisme terrestre et d'électricité atmosphérique dont la réunion à Bristol, au mois de septembre dernier, coïncidait avec le congrès de l'Association britannique pour l'avancement des sciences, j'ai utilisé mon séjour en Angleterre pour étudier l'Enseignement supérieur de la physique dans ce pays et visiter quelques grands laboratoires de physique dont le plus beau est incontestablement celui de Cambridge.

Dans les pages qui suivent et qui ne sont autres que mes souvenirs de voyage quelque peu mis en ordre, je passe successivement en revue l'*adaptation des bâtiments aux recherches*, le *matériel de recherches et d'enseignement* (appareils divers), et enfin l'*enseignement anglais* lui-même, soit sous la forme de travaux pratiques, soit sous la forme éminemment suggestive des questions posées officiellement aux examens qui correspondent approximativement à nos certificats de physique.

1

I. — MATÉRIEL DE RECHERCHES ET D'ENSEIGNEMENT. LABORATOIRES DE PHYSIQUE.

A la tête de ces laboratoires est un « professor » assisté généralement d'un « lecturer » ou maître de conférences, et d'un ou plusieurs « demonstrators, » qui sont des chefs de travaux pratiques prenant part à l'enseignement. Les préparateurs portent les noms d' « assistant of lectures » et d' « assistant-demonstrator. » J'étudierai ces laboratoires dans l'ordre suivant : Londres, Bristol, Cambridge et Oxford.

LABORATOIRES DE PHYSIQUE DE LONDRES.

L'enseignement supérieur de la physique est donné à Londres dans les établissements suivants : *Royal College of Science, University College, King's College, City and Guilds of London Institute, Royal Institution.*

De tous ces établissements, un seul dépend du gouvernement anglais, c'est le *Royal College of Science*, qui, bien qu'établissement de l'Etat, ne délivre pas de grades.

Les *grades* sont délivrés exclusivement, pour toute l'étendue du ressort de Londres, par un corps nommé par le gouvernement anglais et qui s'appelle l'*Université de Londres* (1). Ce corps n'enseigne pas ; sa seule fonction est d'examiner les candidats qui se présentent de toutes les parties de l'Angleterre. Les grades dont il a la collation peuvent être considérés comme de nulle valeur dans les Universités autres que celle dont Londres est le centre (2).

(1) Fondée en 1837.
(2) Ceci n'est pas absolu. Malgré le particularisme anglais, on ne

Bien que l'*Université de Londres* n'enseigne pas, ses membres, considérés isolément, peuvent enseigner, car l'illustre professeur W. Ramsay, d'*University College*, le professeur J.-J. Thomson, de Cambridge, et d'autres notabilités du haut enseignement en font partie.

Royal College of Science. — Le Royal College of Science est une dépendance du *Science and Art Department*, qui, lui-même, est une division du *Education Department*, lequel est sous la direction du lord-président et du vice-président du *Committee of Council on Education*.

Sa mission officielle est l'enseignement de la physique, de la chimie et de beaucoup d'autres sciences. On y fait des physiciens, des chimistes, des ingénieurs des mines; on s'y prépare aussi à être professeur.

Cet établissement, comme beaucoup d'établissements d'enseignement supérieur anglais, sinon tous, donne des *cours du soir* et délivre, en fin d'études, après des examens satisfaisants, des diplômes d'*Associé du Royal College dans la division de physique*, *chimie*, etc. Au point de vue architectonique (Voir la phototypie ci-après de Valentine et Sons), le Royal College of Science est un gros édifice cubique, en brique et pierre, avec un énorme rez-de-chaussée surélevé et trois étages; il a été construit en 1862. De l'autre côté de Exhibition Road, juste en face, dans les dépendances du South Kensington Palace, est une annexe du Royal College of Science sous forme d'une immense salle de travaux pratiques.

En cas d'incendie, des *pots à feu* sont à poste fixe dans les escaliers du Royal College of Science.

peut nier le mouvement qui se dessine actuellement et qui tend à la centralisation et à l'uniformisation des grades — par le moyen de l'*Université de Londres*. C'est ce qui explique pourquoi le nombre des candidats venant de toutes les parties de l'Angleterre chercher la sanction de ce tribunal universitaire va sans cesse en croissant.

Atelier. — Le laboratoire de physique possède un atelier pour le travail du bois et des métaux, muni des outils ordinaires. Remarqué dans cet atelier un *petit laminoir* servant à obtenir des rubans métalliques qui serviront plus tard de résistances électriques, et une dynamo marchant au moyen d'un courant d'eau. L'atelier est dirigé par le mécanicien du laboratoire. Je n'ai pas vu d'accumulateurs fixes; c'est une compagnie qui fournit l'énergie électrique au laboratoire.

Salles de recherches. — Il y en a plusieurs; elles n'ont rien de particulier, si ce n'est, pour l'une d'elles où l'on fait des recherches sur la variation du pouvoir rotatoire magnétique du sulfure de carbone avec la température, la *régulation automatique de la température de la salle au moyen de la tension du chlorure d'argent ammoniacal.* A cet effet, la pression du chlorure ammoniacal, qui dépend de la température de la salle, s'exerce sur l'une des surfaces du mercure contenu dans un tube en U. Cette pression est équilibrée de l'autre côté au moyen d'une pression artificielle d'air que l'on peut faire varier à volonté ou maintenir fixe. Les variations de la température de la salle font déplacer les niveaux du mercure du tube en U, et l'on conçoit que l'on puisse profiter de ces mouvements pour fermer plus ou moins ou laisser ouvert un orifice qui commande l'arrivée du gaz qui alimente le poêle à gaz au moyen duquel on chauffe la salle. Ce système fonctionne très bien, paraît-il.

L'éclairage des salles est assuré par des lampes à incandescence; l'ampérage du courant de la compagnie électrique est limité automatiquement par des appareils convenables.

A noter une *belle bibliothèque de laboratoire* possédant des *publications périodiques* relatives à la physique et qui est distincte de la bibliothèque des travaux pratiques.

Cabinet de physique. — Beaucoup trop petit, au point que par suite du manque de place on a dû mettre des vitrines remplies d'appareils dans la grande salle de cours.

Appareils à signaler. — 1° Un appareil à copier les réseaux photographiquement.

2° Un appareil de Hertz pour expériences de cours.

3° Un appareil *à comparer les thermomètres* (fig. 1). — Le mode de chauffage est intéressant. Une spirale de platine plongée dans du mercure est échauffée par un courant électrique. Le mercure est surmonté d'un liquide qu'il échauffe par contact et qui bout sous une pression qu'on peut faire varier à volonté ou laisser constante. Une chemise de vapeur empêche le refroidissement et assure l'uniformité de la température dans le tube intérieur où l'on met les thermomètres à comparer.

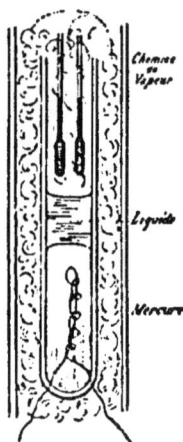

Fig. 1.

4° Un appareil disposé pour mesurer une longueur de 20 centimètres horizontale ou verticale.

5° Un appareil pour montrer les lignes de force.

6° Un appareil de Tyndall pour étudier la transparence des vapeurs.

7° Un appareil pour montrer le phénomène de Kerr.

8° Une *balance de lord Kelvin.* — C'est au fond un électro-dynamomètre-balance.

9° Un pont de Wheatstone du système Carey-Foster à branches très courtes (Walder Brothers and C°, London, 500 fr.).

10° Des accumulateurs portatifs au nombre de dix-huit.

11° Un magnétomètre de Kew. — C'est l'appareil qui,

pour les Anglais, remplace notre théodolite-boussole de Brünner. Il se trouve décrit dans les « *Lessons in Elementary Physics* » by Balfour Stewart and W. Haldane Gee, Maxmillan and Cᵒ, London, 1889. C'est cet appareil qui a servi à MM. Rücker et Thorpe (1) pour dresser la carte magnétique de l'Angleterre pour la déclinaison et la composante horizontale.

Travaux pratiques. — Il y a deux salles de travaux pratiques, l'une qui est destinée aux élèves avancés, qui sont peu nombreux, et l'autre qui est destinée aux débutants, très nombreux au contraire.

La première, qui est très belle, est située dans le bâtiment du Royal College; les fenêtres y sont munies de stores noirs qui permettent de diminuer à volonté la quantité de lumière. Dans cette salle se trouve une *bibliothèque destinée aux étudiants* et où se trouvent beaucoup de livres français.

Les étudiants travaillent seuls et sont exercés au maniement des outils du mécanicien et du menuisier (2).

La seconde salle de travaux pratiques, qui est immense, est située en face, au South Kensington. Les tables de manipulations sont massives, à tiroirs, de 0ᵐ,95 de haut; chaque élève a une place de 0ᵐ,95 de long. Les élèves débutants ont, pendant quatre mois, cinq heures de travaux pratiques par jour. *Ils construisent, de leurs propres mains, toute une série d'appareils :* un pont de Wheatstone, un gal-

(1) M. Watson, qui a collaboré à la carte magnétique, a fait environ un tiers des mesures. Les frais de voyage, par jour, s'élevaient à 50 francs; il est intéressant de comparer ce chiffre avec celui qui est atteint dans les voyages magnétiques de la région de Toulouse.

(2) C'est là une chose extrêmement utile et qui est beaucoup plus développée à l'étranger qu'en France, où les savants font fi trop facilement de l'habileté manuelle. Au Polytechnikum de Zurich, en particulier, on attache beaucoup d'importance à cette habileté manuelle.

vanomètre, etc. Le laboratoire fournit aux étudiants le verre, le bois et le carton.

A cette salle de manipulations est adjointe une chambre noire pour la photographie.

Remarqué : 1° Des viseurs à pied, avec échelle divisée pouvant être horizontale ou verticale;

2° Des *supports de fonte* (fig. 2) pour les expériences qui exigent de la stabilité. Ces supports sont à quatre pieds et n'ont guère plus de 2ᵉ à 2ᵉ,5 de hauteur. On les empile les uns sur les autres à la hauteur que l'on veut. La figure ci-contre montre la disposition des rainures des pieds. Cette sorte de support est très usitée en Angleterre.

Il n'y a, au Royal College of Science, qu'un

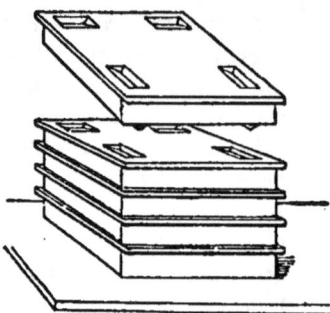

Fig. 2.

très petit nombre d'élèves avancés : 12 seulement. Les débutants sont au nombre de 90.

Amphithéâtre (fig. 3). — Grand pour les élèves avancés,

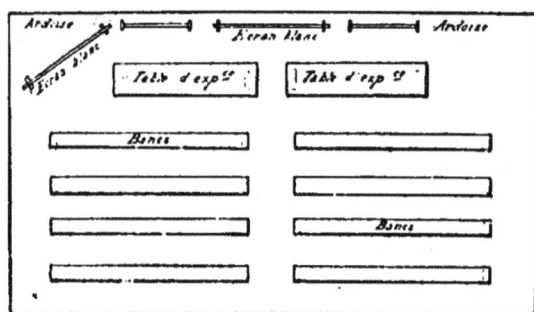

Fig. 3.

mais petit pour les débutants. Deux tables d'expérience et deux tableaux d'ardoise séparés par un écran blanc central. Dans l'angle de gauche, en regardant les tableaux, est un second écran blanc mobile dans des rainures.

Personnel enseignant. — Professor : W. Rücker; lecturer : C. Boys; demonstrator : Watson.

University College. — C'est un corps indépendant dont le but est de préparer les jeunes gens, qui ne peuvent pas ou qui ne veulent pas aller à Oxford ou à Cambridge, aux carrières scientifiques et libérales, en particulier aux examens de l'Université de Londres. Cette institution fut fondée en 1826 (1) par lord Brougham, dans le but de donner à peu de frais l'éducation littéraire et scientifique (2); on y enseigne les lettres, les sciences, les arts, la médecine, c'est-à-dire tout, sauf la théologie.

Le bâtiment (Voir la phototypie ci-contre, d'après un cliché de York et Son), situé Upper Gower Street, se compose d'une façade centrale (portique corinthien à douze colonnes, coupole et lanterne) et de deux ailes d'un développement total de 400 pieds (122ᵐ). Des laboratoires bien aménagés ont été ajoutés, en 1845, d'après les plans du professeur Donaldson ; mais de nouveaux laboratoires ont

---

(1) *King's College*, fondé un peu après *University College*, a le même but, mais est sous l'influence prépondérante de l'église anglicane ; les notes d'instruction religieuse et d'assiduité au culte contrebalancent les notes purement techniques. La conséquence est que cette institution est très inférieure, comme valeur, à *University College*; je me suis dispensé, pour cette unique raison, de la visiter, bien que son laboratoire de physique ne soit pas dénué d'intérêt.

(2) Je traduis littéralement : « *literary and scientific education at a moderate expense.* »

été construits en 1892-93. Il y a environ 40 professeurs et 1,600 étudiants (1) qui payent annuellement 30,000 £ de droits, soit 750,000 fr., ce qui fait en moyenne 470 fr. par étudiant. Nous sommes loin d'exiger pareille somme de nos étudiants, et cependant ces conditions sont véritablement modérées eu égard aux exigences d'Oxford !

Laboratoire de chimie du professeur W. Ramsay. — Assez vaste au point de vue de l'enseignement; mais les salles sont obscures et les murs noircis par la « smoke » de Londres. Ce qu'il y a de plus intéressant, sans contredit, ce sont les salles de recherches du savant professeur et de ses collaborateurs.

On y voit très peu de matériel, mais surtout une admirable méthode de travail et de recherche jointe à l'infatigable activité de W. Ramsay (2). Dans ses recherches sur la distillation fractionnée de l'air refroidi dans l'oxygène liquide bouillant sous une pression de quelques millimètres de mercure, W. Ramsay achetait purement et simplement l'oxygène liquide à l'usine Brin, de Londres, qui fabrique l'oxygène en grand et le liquéfie à l'aide de l'appareil du docteur Hampson. Il lui suffisait de prévenir l'usine un jour ou deux à l'avance pour obtenir *deux* litres d'oxy-

---

(1) Ce nombre comprend non seulement les élèves d'enseignement supérieur, mais encore une section élémentaire formée de jeunes gens de 9 à 15 ans et qui font les études qui correspondent à notre enseignement secondaire.

(2) Cet illustre savant, qui a découvert seul ou avec ses collaborateurs cinq gaz nouveaux dans l'air (argon, métargon, néon, crypton et xénon), n'a rencontré l'hélium que par hasard, grâce à une indication bibliographique d'un savant américain qui avait extrait de l'uraninite un gaz qu'il avait pris pour de l'azote et que W. Ramsay reconnut être l'hélium. Il y avait deux ans qu'il étudiait inutilement tous les minéraux possibles sans y rien trouver que de l'azote mêlé à un peu d'argon !

gène liquide au prix relativement minime de 1 £, soit 25 fr.!

Laboratoire de physique du professeur Callendar. — Il est consacré à la physique générale(1); il ne présente rien de bien particulier. Le cabinet de physique est très ordinaire.

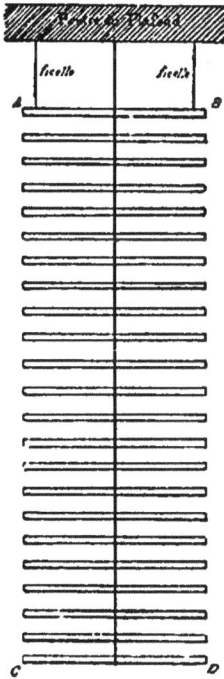

Fig. 4.

En l'absence du professeur Callendar, je n'ai malheureusement pas pu voir les appareils qui servent à ses belles recherches sur la mesure très précise des températures au moyen des résistances électriques.

Appareils à signaler. — 1° Une pompe *Fleuss* (Harvey et Peak, London, 500 fr.) très petite, très pratique, qui permet de faire le vide des rayons X en quelques minutes. Très recommandée par W. Ramsay.

2° Un appareil très simple (2) (fig. 4), permettant de montrer successivement la réflexion d'une onde avec ou sans changement de signe, et la combinaison de deux mouvements vibratoires. Cet appareil est constitué par un fil de torsion de 3ᵐ,50 de long, en fer, fixé au plafond, et de 3 mètres de diamètre environ, auquel sont

(1) La physique appliquée, ou, pour mieux dire, l'électro-technique, est l'objet de l'enseignement du laboratoire d'*Electrical Engineering* dirigé par le professeur Fleeming. Ce laboratoire paraît très bien installé, mais une circonstance imprévue m'a empêché de le voir en détail.

(2) Dû, sauf erreur, à lord Kelvin.

fixées des palettes de bois de 4 centimètres de large, de 40 centimètres de long, placées à 8 centimètres de distance environ. La première palette AB a ses extrémités soutenues par deux ficelles; les autres sont libres de tourner par torsion autour du fil. Si, l'appareil étant au repos et les palettes dans un même plan vertical, on écarte CD de sa position d'équilibre en tordant le fil de fer, la déformation se transmet avec une vitesse constante jusqu'à AB, où il y a réflexion *avec* changement de signe; de retour en CD, on a la réflexion *sans* changement de signe. Enfin, si l'on veut voir la combinaison de deux ondes dans le fil (milieu élastique cylindrique), on donne au commencement une impulsion à AB et une à CD, de façon qu'elles se contrarient. Les mouvements des palettes étant lents sont faciles à suivre.

City and Guilds of London Institute. — C'est une Institution fondée, comme son nom l'indique, par la cité et les corporations de Londres pour l'avancement de l'éducation technique. Elle comprend :

1° Une *Institution centrale* située Exhibition Road, à Londres, où l'on fait des cours pour ceux qui se destinent à l'enseignement technique, à la carrière de l'ingénieur, ou veulent devenir directeurs d'usines ;

2° Un *Collège technique* situé à Finsbury et destiné à faire des contremaîtres ou des sous-ingénieurs.

Tandis que l'Institution centrale du *City and Guilds of London Institute* est tout à fait analogue à notre Ecole centrale des arts et manufactures, le Collège de Finsbury en est l'Ecole des arts et métiers. Je n'ai évidemment visité que l'Institution centrale.

C'est un bel édifice (Voir la phototypie ci-après, d'après un cliché de M. Ed. Deiss), comprenant un rez-de-chaussée surélevé et deux étages, et situé presque en face le Royal College of Science.

Salle des accumulateurs. — Elle contient 100 accumulateurs, grands et petits. Ce sont des accumulateurs E. P. S. Dans chaque auge est un *Hicks' Patent ;* c'est une espèce de flotteur vertical en verre, large de 2 centimètres et long de 20 centimètres, portant des zones de couleurs très voyantes indiquant immédiatement, à plusieurs mètres de distance, la densité du liquide des accumulateurs. De cette façon il est aisé de voir quels sont les éléments auxquels il faut prendre soin. Les bacs des accumulateurs sont évidemment en verre.

Salles de recherches. — En assez grand nombre ; dans toutes on rencontre des *piliers en maçonnerie,* plusieurs dans une même salle. Dans l'une des salles de recherches, on remarque une très longue table, de 6 à 8 mètres de long, disposée sur un bâti de briques, pour les expériences qui exigent une très grande stabilité. Ces salles se trouvent évidemment au rez-de-chaussée.

Il y a de très belles salles disposées spécialement pour l'optique, et particulièrement une superbe *chambre noire,* dans laquelle est installé un splendide banc d'optique de 4 à 5 mètres de long.

L'éclairage des salles, comme d'ailleurs du laboratoire tout entier, est assuré par des lampes à incandescence.

Il peut y avoir intérêt, dans certaines expériences, à ne pas laisser s'éparpiller dans toutes les directions la lumière d'une lampe à incandescence. A cet effet, certaines lampes sont munies, à leur base, d'un miroir métallique parabolique renvoyant toute la lumière sensiblement dans une seule direction ; elles s'appellent « *Improve electric glow Lamp. London.* »

Cabinet de physique. — Extrêmement riche en beaux appareils d'électricité et d'optique, ce qui est la double spécialité du laboratoire de physique.

Appareils à signaler. — 1° Un voltmètre étalon du professeur Ayrton, « *Standard Voltmeter.* »

2° Une série d'*Electrostatic Voltmeters*, allant, en tout, de 0 à 12,000 volts. Prix : 250 fr. chacun.

3° Un potentiomètre de Clarke.

4° Un galvanomètre Thomson à grande sensibilité, de 350,000 ohms de résistance.

5° Un électromètre absolu de lord Kelvin.

6° Un électromètre à quadrants de lord Kelvin.

7° Des condensateurs plans, de capacité connue, mobiles sur roulettes. Ils sont disposés verticalement. Il y en a tout un assortiment.

8° Un shunt à plusieurs sensibilités (fig. 5), dont la construction diffère de celle des shunts ordinaires. Les deux bornes sont en A et B. De B, un commutateur tournant s'appuie sur les bornes *n, o, p, q*, etc., modifiant ainsi à volonté la sensibilité du shunt.

9° Un photomètre de Joly à lame de paraffine.

10° Un photomètre de Lummer et Brodhun.

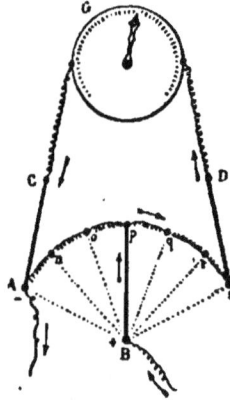

Fig. 5.

Travaux pratiques. — Il y a des salles de travaux pratiques pour les élèves des différentes années. Il y a, en outre, un *atelier de construction* réservé aux élèves, et où ceux-ci sont initiés au travail du bois et à la construction des appareils.

Vu, comme appareil de manipulation courante, un dispositif pour la *mesure rapide de la perméabilité magnétique*, dû au professeur Ayrton (1).

(1) Cet appareil est décrit dans les *Proceedings of the Physical*

Vu également, comme au Royal College of Science, une balance de lord Kelvin. Cet appareil, qui a des sensibilités diverses et qui est tout à fait analogue, comme principe, à l'électrodynamomètre de Pellat, est construit par James White, de Glascow (où professe lord Kelvin). Prix : 1,000 fr. Cet appareil est décrit dans le livre de Gray, intitulé : « *Absolute Measurements in Electricity and Magnetismus.* »

Renseignements divers. — Le nombre des élèves de la *Central Institution* du *City and Guilds of London Institute* est de 90 en première année, de 50 en deuxième année, et de 30 en troisième année.

Professeur de physique : Ayrton.

Royal Institution of Great Britain. — C'est une société fondée en 1799 par souscription privée, grâce à l'initiative de Joseph Banks, Rumford et d'autres savants. Elle a pour but de populariser l'enseignement supérieur par des cours publics c' des expériences et d'encourager les inventeurs. Cette société entretient à cet effet trois savants, un professeur de physique, un professeur de chimie et un professeur de physiologie, qui sont simplement tenus de faire des recherches et quelques « Lectures » tous les ans. En outre, chaque année, des savants étrangers à la *Royal Institution* font chacun quatre ou cinq « Lectures » qui leur sont royalement payées.

Le physicien lord Rayleigh, le chimiste James Dewar et le physiologiste Lankester appartiennent à ce fameux établissement dont les laboratoires sont célèbres, dans l'his-

Society of London. Voir aussi *Royal College of Science, Physics Course,* Part II.

toiie de la physique et de la chimie, par les mémorables
découvertes de Davy et de Faraday.

La *Royal Institution* est un édifice de belle apparence, se
distinguant par quatorze colonnes corinthiennes à demi-
engagées dans la façade, situé 21, Albemarle Street, dans
la plus belle partie de Londres. Il y a quelques années, les
libéralités d'un généreux anglais, M. Mond (qui a donné à
la Royal Institution 2,500,000 fr.), ont permis d'acquérir
l'immeuble voisin et d'y fonder de nouveaux laboratoires
de physique et de chimie. Ce sont ces nouveaux laboratoires (1) dont il est question dans ce qui suit.

D'une .nanière générale, dans les salles du rez-de-chaussée, les murs sont recouverts de carreaux blancs vernissés;
c'est très propre et très clair. Dans ces pièces sont des ven-
tilateurs pour le sous-sol.

Dans le sous-sol se trouve un *calorifère à air et vapeur
d'eau*, *système Korting*, qui chauffe tout l'établissement. Ce
calorifère est muni d'un régulateur automatique.

Accumulateurs. — Il y a un très grand nombre d'accumulateurs *à très grande surface.* On peut disposer, en temps ordinaire, d'un courant de 200 ou 300 ampères; mais on peut
aussi, quand tous les accumulateurs sont en surface, avoir
2 volts et un courant de 2,000 ampères.

Salles de recherches. — Elles sont au nombre de quinze et
très belles. Celles qui sont destinées à un seul travailleur
n'ont qu'une fenêtre; il y en a quelques-unes destinées à
deux travailleurs : elles sont alors plus grandes et ont deux
fenêtres. Dans toutes il y a un rideau noir à coulisse devant
les fenêtres; elles ont une *hotte vitrée*, et le long des murs

(1) Et non les laboratoires des professeurs attachés à l'établissement, qu'il est impossible de voir pendant leur absence (au moment
des vacances).

sont des *supports* en bois et fer. Ces supports sont mobiles
le long d'un rail de fer, fixé au mur comme le montrent les
figures ci-après.

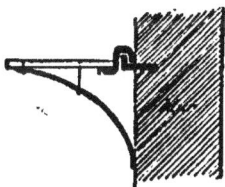 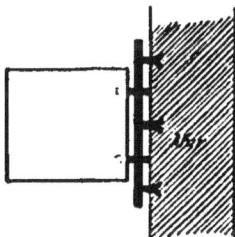

Fig. 6.   Fig. 7.

On remarque en outre, à deux mètres de hauteur, faisant
le tour de la salle, une *galerie* pour déposer les menus ob-
jets. Dans chaque salle est une *armoire de laboratoire ;* les
tuyaux amenant le gaz et l'eau portent un numéro spécial.
Ces tuyaux, distincts pour chaque salle, se réunissent dans
une même salle du sous-sol, leurs numéros étant appa-
rents, de sorte que l'on peut donner l'eau ou le gaz à une
seule salle, si l'on veut. Cette disposition, intéressante à
noter mais coûteuse, ne se rencontre guère qu'à la Royal
Institution.

Cabinet de physique. — Les vitrines sont peintes en noir
extérieurement et garnies en bleu intérieurement. C'est
très beau comme effet produit, surtout pour les appareils
d'optique. Les appareils sont extrêmement beaux ; on sent,
à les voir, qu'on dispose de beaucoup d'argent.

Dans une salle spéciale se trouvent les appareils originaux et les cahiers d'expériences de Davy et de Faraday
que la Royal Institution s'honore d'avoir eus à ses débuts
comme professeurs de chimie et de physique.

Des précautions contre l'incendie sont prises *à la porte
même du cabinet de physique.* A côté de la porte se trouve,

d'une façon permanente, une lance à feu dont le tuyau de feutre peut se visser immédiatement sur une prise d'eau située en face de la porte du cabinet de physique (1).

Amphithéâtre. — C'est toujours celui qu'illustrèrent Davy et Faraday.

Bibliothèque. — Une splendide bibliothèque de 60,000 volumes est à la disposition des professeurs et des souscripteurs, au nombre de mille environ, qui payent 5 £ (125 fr.) par an pour avoir le droit d'assister à une vingtaine de « Lectures. » Les séances publiques ont lieu *les vendredis*, et sont fort suivies.

LABORATOIRES DE BRISTOL.

University College. — L'édifice, lorsqu'il sera achevé, se composera de quatre corps de bâtiment se rejoignant à angle droit et laissant au milieu une cour rectangulaire. Les bâtiments, en briques et pierre, ont un rez-de-chaussée et un étage unique surmonté d'un toit pointu bordé de créneaux et portant des cheminées très apparentes et très ornementées, c'est-à-dire d'un style que les Anglais affectionnent plus particulièrement.

Laboratoire de physique. — Il se compose d'un laboratoire général (Voir la phototypie ci-après, d'après l'Annuaire de l'Université de Bristol), avec chambre noire pour les expériences d'optique, — servant de salle de manipulations, — d'un laboratoire plus petit spécialement affecté aux recher-

(1) Il est regrettable de constater qu'en ce sens aucune précaution n'est prise à Toulouse, car les lances d'arrosage des jardins ont des raccords dont le diamètre est différent de celui des bouches d'incendie.

ches, d'un laboratoire d'électro-technique commun avec le service d'*Engineering*, d'un atelier, d'une salle de préparation du cours, de deux salles de cours et du cabinet particulier du professeur.

Circonstance défavorable : toutes les pièces de ce petit laboratoire de physique n'ont de fenêtres que d'un seul côté.

Le laboratoire de physique est ouvert aux étudiants (1) cinq jours par semaine, de 10 heures du matin à 5 heures du soir, et deux soirs par semaine pendant deux heures.

Atelier. — Force motrice. — Accumulateurs. — La force motrice est empruntée au service d'*Engineering*, qui est contigu au laboratoire de physique et qui dispose d'une machine à vapeur de 30 chevaux. Cette machine fait marcher quatre dynamos de types variés et permet de charger les accumulateurs qui sont au nombre de 52, savoir : 20 éléments type E. P. S. pouvant donner 20 ampères, et 32 éléments plus petits du type R. du « *Chloride Electrical Storage Syndicate* », à Clifton Junction, Manchester, pouvant fournir 6 ampères.

Le laboratoire s'éclaire au moyen de lampes à incandescence.

Cabinet de physique. — Par suite du manque de place, le laboratoire général et la salle de recherches joignent à leur fonction propre celle de cabinet de physique.

Appareils à signaler. — 1° Deux potentiomètres de Crompton.

2° Une bobine d'induction donnant 50 centimètres d'étincelle.

3° Un transformateur de 50,000 volts.

4° Une pompe de Fleuss.

(1) Le samedi et le dimanche, il n'y a ni cours ni manipulations.

5° Un photomètre Leltelz.

6° Un pendule à eau pour mesurer et enregistrer les petits intervalles de temps.

7° Des appareils automatiques pour la distillation de l'eau et du mercure.

8° Un magnétomètre.

Personnel. — Cours. — Finances. — Le personnel du laboratoire se compose d'un *professor*, un *lecturer*, un *demonstrator* et un *assistant*.

La distribution des cours, par semaine, est la suivante :

Cours du jour.
- 4 cours de physique avancée. . . . . } 1er et 2e trimestre.
- 2 cours de physique moins avancée. }
- 4 cours de physique élémentaire. 1er, 2e, 3e trimestre.
- 2 cours de physique très élémentaire. 1er trimestre.
- 2 cours d'électrotechnique avancée. 1er, 2e, 3e trim.
- 1 cours d'électrotechnique élémentaire. 3e trimestre.

Cours du soir. — 2 cours de physique. Deux trimestres.

Pour préparer efficacement les étudiants aux examens de l'Université de Londres (1), il faut ajouter aux cours déjà si nombreux de ce tableau des conférences d'interrogation et de travaux pratiques qui surchargent singulièrement le service de la physique.

La moyenne du nombre des étudiants qui suivent les cours du jour est, pour les quatre dernières années, de 125, et pour les cours du soir, de 30.

Tous les cours de physique sont payants, et les droits (fees) varient suivant le nombre de trimestres de la scolarité (2).

(1) University College, Bristol, est tout à fait indépendant de Londres; mais, en pratique, beaucoup de ses étudiants se présentent aux examens de l'Université de Londres, *qui sont tenus au Collège même.*

(2) L'année scolaire officielle est de trois trimestres (terms); les grandes vacances constituent évidemment le quatrième trimestre.

Les cours ne durent jamais plus d'une heure, mais la ré-
tribution qu'ils entraînent n'est pas la même suivan. qu'il
s'agit d'un cours de physique *avancée* ou de physique *élémentaire*. Un cours de physique avancée à deux leçons par
semaine, pendant deux trimestres (40 leçons) (1), coûte :

Pour les deux trimestres. . . . . 4 guinées (105 francs).
Pour un trimestre seulement. . . 3 guinées (78 fr. 25).

Un cours de physique élémentaire à deux leçons par semaine, pendant trois trimestres (60 leçons), coûte :

Pour les trois trimestres. . . . . 5 guinées (131 fr. 25).
Pour deux trimestres consécutifs.. 4 guinées (105 fr.).
Pour le 1er ou le 2e trimestre seul. 3 guinées (78 fr. 75).
Pour le 3e trimestre seul. . . . . 2 guinées (52 fr. 50).

Le travail de laboratoire, manipulations ou recherches,
se paye à part, conformément au tableau suivant où les
droits sont exprimés en guinées (26 fr. 25).

	5 jours par semaine.	4 jours par semaine.	3 jours par semaine.	2 jours par semaine.	1 jour par semaine.
Pour les 3 trimestres.	15	12,5	10	7,5	5
Pour 2 trimestres.. .	11	9	7,5	5,5	3,5
Pour 1 trimestre. . .	7	6	4,5	3,5	2,5

[[La possibilité est donnée aux étudiants de couper chacun
de leurs jours de manipulations (par semaine) en deux
demi-journées de trois heures.

En ce qui concerne les cours du soir et les manipulations
du soir qui préparent aux deux premiers examens de la

_____

(1) En réalité, il y a *deux* cours de physique avancée à 40 leçons
par an ; l'un, qui porte sur la *mécanique*, l'électricité et le magnétisme ; l'autre, qui porte sur la chaleur, l'optique et l'acoustique ; les
candidats au titre de *bachelor* (licence) doivent choisir, pour être
interrogés spécialement dessus, l'un ou l'autre de ces deux pro-
grammes.

licence (B. A. ou B. Sc.), les droits de cours et de travaux pratiques sont beaucoup plus réduits que ceux des cours du jour, et cela dans un but humanitaire facile à comprendre. Il y a même un certain nombre de *bourses* pour les cours du soir, accordées à des étudiants studieux et peu fortunés, conformément à certaines règles qu'il serait trop long d'énumérer ici.

La moyenne du budget annuel du laboratoire de physique, pour les quatre dernières années, a été de 90 £, soit 2,250 fr.

Laboratoire de chimie du professeur Sidney Young. — Ce laboratoire, dans son ensemble, est un peu plus grand que le précédent. Le laboratoire d'enseignement est vaste et présente, dans ses arrangements, la plus grande ressemblance avec celui de l'Université de Toulouse.

Vu tous les appareils que M. S. Young, seul ou en collaboration avec le professeur W. Ramsay, a employés et emploie encore pour l'étude physique des liquides chimiquement purs. Ces appareils sont décrits soit dans les *Chemical News,* soit dans l'article de Ph. A. Guye, « Critique (Point) », au deuxième supplément du *Dictionnaire* de Würtz.

Licence ès sciences. Dépenses qu'elle entraîne. — Il n'est peut-être pas inutile, au moment où l'on réforme en France la licence ès sciences, de voir ce qu'elle est en Angleterre et les dépenses officielles qu'elle entraîne à Bristol, ce qui expliquera, dans une certaine mesure, l'existence de cours du soir dans les Universités anglaises pour aider les classes peu fortunées à y arriver.

Notre titre de licencié ès sciences correspond, en Angleterre, à celui de « *Bachelor of Science* » (B. Sc.). Pour y arriver, il faut, après seize ans accomplis, passer un premier examen, celui de la *matriculation*, qui correspond à notre baccalauréat; la licence proprement dite se passe ensuite en

trois fois : d'abord, les préliminaires scientifiques (M. B.),
puis les examens intermédiaires de passage (*pass*) et l'examen d'honneur (*honours*). A chaque examen correspond un
ensemble de cours dont le prix est déterminé en guinées,
puis le droit d'examen, et enfin un droit de local de 1 £.

	Prix des cours.	Droit d'examen.	Droit de local.
Préliminaires scientifiques (M. B.).	20 guinées.	5 £.	1 £.
Examen de passage.	20 guinées.	5 £.	1 £.
Examen d'honneur.	20 guinées.	5 £.	1 £.
Matriculation..	18 guinées.	2 £.	1 £.
	78 guinées.	17 £.	4 £.

Le coût total est donc de 78 guinées (2,047 fr. 50), plus
21 £ (525 fr.), soit en tout 2,572 fr. 50 pour la licence ès
sciences (B. Sc.). On voit donc que les diplômes anglais
coûtent fort cher, et que nos étudiants auraient tort de
trouver excessifs les modestes droits que la récente réorga-
nisation de l'Université de France a exigés d'eux.

UNIVERSITÉS DE CAMBRIDGE ET D'OXFORD.

Généralités sur les Universités. — Les Universités anglaises
sont des Institutions privées n'ayant ni la même organisation ni les mêmes diplômes (1). Les *professeurs* de ces Universités et les « *Lecturers* » sont, à Oxford et à Cambridge

---

(1) Leeds, Manchester et Liverpool constituent, dans le nord de
l'Angleterre, un ensemble qui est une Université distincte de celles
d'Oxford et de Cambridge et n'ayant, comme elles, aucun rapport
avec Londres.

tout au moins, « fellow » d'un certain College, et ils sont payés par lui à cet effet, ayant même quelquefois en plus le logement. Ainsi, le titre de fellow of Emmanuel College, à Cambridge, vaut 250 £. (soit 6,250 fr.), plus le logement si l'on est marié. Le titre de professor ou de lecturer of physics est payé en plus.

Ces collèges sont tous des fondations particulières et privées, plusieurs fois séculaires pour la plupart, ayant chacun leur règlement plus ou moins bizarre et compliqué (1) et ne demandant rien à l'Etat. L'administration de ces collèges, l'observation de toutes les coutumes, de tous les rites que le temps a consacrés absorbe une énorme partie du temps des fellows (2) qui, le plus souvent, ne se livrent pas aux recherches scientifiques ; d'ailleurs, ceux qui portent le titre de fellow n'enseignent pas nécessairement.

Chaque collège donne des cours littéraires ; mais l'étude des sciences expérimentales, de la physique et de la chimie en particulier, est le plus souvent concentrée dans un édifice distinct de tous les collèges, mais commun à tous, et qui est le laboratoire de physique ou de chimie de l'Université.

J'ajouterai qu'en Angleterre l'enseignement supérieur coûte très cher aux étudiants, ou plutôt à leurs familles. Un étudiant d'Oxford qui se conduit bien, mais observe les coutumes du monde universitaire, dépense au minimum 5,000 francs par an (3). C'est dire que, seuls, les fils de

---

(1) Tandis que certains collèges, comme Christ Church d'Oxford, sont d'immenses pensions recevant jusqu'à 800 étudiants dont un grand nombre couchent au collège ; d'autres, se trouvant suffisamment riches probablement, ne veulent pas d'élèves et n'en admettent que trois ou quatre.

(2) M. Nagel, fellow of Trinity College, Oxford, m'a dit être occupé normalement une dizaine d'heures par jour par l'enseignement et les besoins intérieurs du collège.

(3) Je tiens ce renseignement de M. Nagel. Il est confirmé par

familles aisées peuvent aller faire leurs études à Oxford ou
à Cambridge.

LABORATOIRE DE PHYSIQUE DE CAMBRIDGE.

Cavendish Laboratory. — Le plus beau laboratoire
de physique de l'Angleterre, d'après W. Ramsay. Il a été
entièrement construit aux frais de « sa grâce » William Cavendish, duc de Devonshire, K. G., chancelier de l'Université de Cambridge, et offert par lui à cette Université à
la « congregation » (1) du 16 juin 1874.

Le bâtiment est un édifice dissymétrique composé d'un
rez-de-chaussée et de deux étages, dont les plans (2) sont re-
présentés respectivement par les figures 8, 10 et 11, à l'échelle
de $\frac{1}{530}$ environ. Les seules parties ornées sont : la façade
qui est à l'ouest et toute en pierre avec une porte cochère
monumentale X, la salle de cours et l'escalier intérieur de
la tour, A, qui est en pierre avec balustrade de chêne
sculpté. Tout le reste est en brique apparente intérieurement et extérieurement, avec quelques ornements de pierre
de loin en loin. Les murs extérieurs ont 2 pieds d'épais-
seur (61cm). et les fondations sont très solides, étant à
15 pieds (4m,57) du sol. Visiblement, l'agréable a été, dans
ce laboratoire, sacrifié à l'utile, comme en témoignent les
précautions prises contre l'incendie dans tous les corri-
dors (3).

M. Jacques Bardoux (voir *Souvenirs d'Oxford*, p. 19), dans le livre
duquel on trouvera de curieux détails sur l'organisation intérieure
de l'Université d'Oxford.

(1) Assemblée des « Masters of Arts » ou agrégés (M. A.) enseignant à Cambridge et qui est le sénat de l'Université.

(2) Ces plans, ainsi que certains détails, ont été empruntés à la
description du Cavendish Laboratory parue dans *Nature*, t. X,
n° du 25 juin 1874.

(3) C'est un trait de ressemblance avec les laboratoires hollandais,

Atelier. Salle des accumulateurs. — C'est un ensemble de trois salles situées au rez-de-chaussée et qui se commandent. En entrant par la porte cochère X (Voir fig. 8), on trouve d'abord la salle des accumulateurs, K, qui contient 60 accumulateurs ordinaires et 20 éléments portatifs. Cette salle est située immédiatement sous la salle de cours P (1er étage), dans laquelle les fils sont amenés des accumulateurs à travers de petites coupures pratiquées dans le plafond.

Une seconde salle, H, contient une *forge* et ce qui est nécessaire pour le travail du verre. En G est une immense salle pour le travail du bois et des métaux. Un moteur Crossley de 2 chevaux y commande 4 tours, une scie, une perceuse, une meule de pierre et une meule d'émeri. C'est en même temps la salle de réception et de déballage des appareils qu'on y apporte directement du dehors au moyen d'une porte de service pratiquée à l'angle nord-ouest du laboratoire. De là, les appareils sont montés à l'étage supérieur (cabinet de physique, N) au moyen d'un ascenseur, k.

A la tête de l'atelier est un mécanicien assisté de deux apprentis mécaniciens.

Salles de recherches. — Elles sont extrêmement nombreuses, car l'édifice tout entier est consacré aux recherches (1). Dans toutes, les fenêtres ont des volets de bois au moyen desquels on peut faire l'obscurité complète ; à l'intérieur de chaque fenêtre est une grande table de pierre ; à l'extérieur est une tablette semblable, sur le même plan horizontal, de façon qu'un instrument puisse être posé sur plusieurs de ses pieds tant à l'intérieur qu'à l'extérieur de la fenêtre. Un petit canal est laissé entre les deux tablettes pour permettre à l'eau de pluie de s'échapper.

_____

(1) Abstraction faite de l'amphithéâtre P et des salles du rez-de-chaussée situées à droite du vestibule d'entrée, parmi lesquelles est la « salle aulique » du laboratoire.

Une disposition originale, spéciale au Cavendish Laboratory, a été employée pour augmenter la stabilité des tables d'expériences des laboratoires du premier et du second étage. A cet effet, des poutres épaisses, indépendantes des planchers de ces étages, sont solidement assujetties dans les murs de l'édifice ; des blocs de bois reposant sur ces poutres viennent affleurer à la surface du plancher, grâce à des ouvertures convenables pratiquées dans ce plancher ; c'est sur ces blocs que reposent les pieds des tables (1).

Les planchers des laboratoires sont abondamment pourvus d'ouvertures carrées de 20 centimètres de côté, et, dans la plupart des cas, celles du plancher du premier étage sont placées verticalement sous celles du second étage, de façon que des fils puissent être suspendus à travers toute la hauteur de l'édifice.

Certaines expériences de physique exigent un grand développement soit en longueur verticale, soit en longueur horizontale. C'est pour répondre aux besoins des premières qu'un laboratoire de physique doit posséder une *tour*, et pour répondre aux secondes qu'il doit avoir au moins une longue galerie, dans le sens de la plus grande dimension du bâtiment ; ces desiderata ont été réalisés au Cavendish Laboratory dans une large mesure.

Toutes les salles sont chauffées par des tuyaux *à eau chaude* reliés à une chaudière placée dans le sous-sol. Près de l'extrémité est du bâtiment, on a employé des tubes de cuivre à la place des tubes de fer ou de fonte à cause de la proximité de la salle magnétique B.

Pour les expériences qui exigent une température extrêmement constante, il y a *trois salles souterraines*, deux

(1) Quoi qu'il en soit de cette disposition, les *poutres apparentes* sont des plus utiles dans un laboratoire de physique pour supporter ou fixer toute sorte d'appareils de recherches. A ce point de vue, et en général bien entendu, il n'est pas bon que les laboratoires aient une trop grande élévation.

grandes et une petite; des tranchées sont pratiquées dans
le plancher de ces salles pour l'écoulement des eaux. La
hauteur de ces caves n'est que de 2^m,25 environ.

Les expériences qui exigent une grande stabilité (recherches de magnétisme, emploi du pendule, des balances, etc.)
ou craignent les variations de température (expériences de
calorimétrie) se font au rez-de-chaussée, dans des salles
spécialement affectées à ces recherches.

Les expériences d'électricité ordinaire (mesure des constantes des piles, etc.), qui exigent une stabilité moindre,
se font au premier étage. Enfin, les expériences d'acoustique
et d'électricité statique qui exigent une stabilité moindre
encore, ainsi que les expériences d'optique et de chaleur
rayonnante qui ont besoin de la lumière du soleil ont été
affectées au second étage.

Salles du rez-de-chaussée. — En B, à l'extrémité nord-

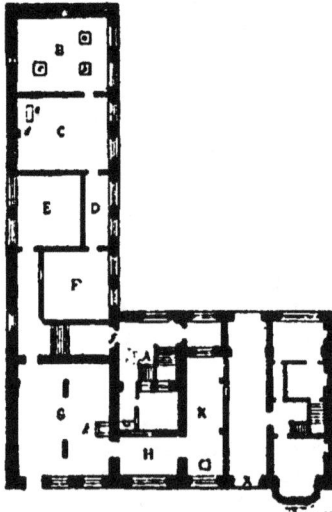

REZ-DE-CHAUSSÉE (Fig. 8).

est du laboratoire, est une salle retirée pour les observations magnétiques (1) ou autres qui exigent une stabilité particulièrement grande. On y voit trois piliers de brique d'environ 18 pouces (0m,46) de hauteur, surmontés d'une dalle de pierre, carrée, de 2 pieds (0m,61) de côté. Ces piliers sont absolument isolés du plancher de la salle ; le briquetage des piliers, qui se prolonge au-dessous du plancher, repose sur une couche épaisse de béton. Sur le pilier *a* est placé le grand électrodynamomètre de l'Association Britannique, dont les deux bobines ont chacune environ un mètre de diamètre et contiennent 225 spires de fil de cuivre n° 20. Toutes les constantes, électriques ou géométriques, de chaque bobine ont été déterminées avec la plus grande précision, et c'est par comparaison avec ces bobines que les constantes électriques de tous les autres appareils électromagnétiques du laboratoire ont été mesurées.

Sur *b* est un magnétomètre unifilaire du modèle adopté à Kew. A la partie supérieure de la paroi *nord* de la salle B est une petite fenêtre pratiquée dans le but de déterminer la direction du méridien par des observations astronomiques.

C s'appelle la *salle de l'horloge*, parce que, en *d*, sur un solide pilier dont les fondations sont séparées du reste du bâtiment, se trouve la principale horloge du laboratoire. Cette horloge, en communication électrique avec les autres horloges du laboratoire, est comparée de temps en temps avec celle de l'Observatoire astronomique.

Dans cette salle, sur un pilier spécial, *e*, est installé un pendule.

(1) A cet effet, les murs sont construits avec des matériaux exempts de fer ; on a absolument exagéré ces précautions au laboratoire de physique de l'Université de Groningue, ce qui a augmenté la dépense de la construction dans des proportions énormes, sans grand résultat apparent.

Les salles B et C ont la même grandeur, leurs dimensions étant 30 pieds (9^m,14) en longueur, 20 pieds (6^m,10) en largeur, et 15 pieds (1^m,57) en hauteur (1).

E est la *salle des balances;* à signaler une balance construite par Oertling et pesant un kilogramme à un milligramme près.

F est la *salle de chaleur* ou *de calorimétrie.* On y rencontre un appareil inventé par Clerk Maxwell pour mesurer la viscosité de l'air. A cet effet, on amène trois lames de verre à osciller entre quatre lames parallèles, dans un récipient imperméable à l'air, au moyen de la torsion d'un fil d'acier; un miroir étant fixé aux lames mobiles, on détermine l'amplitude des oscillations par la méthode optique (2).

Toutes les salles du rez-de-chaussée sont dallées en pierre; elles manquent un peu de lumière.

Salles du premier étage. — En M se trouve le cabinet de travail du professeur qui dirige le laboratoire; les trois laboratoires intitulés M et qui se commandent sont consacrés aux recherches électriques.

A noter la disposition employée pour laisser passer les fils électriques d'une pièce dans l'autre. Dans la porte de brique est un cadre de bois dont la partie supérieure est percée de trous par lesquels passent les fils; ceux-ci

Fig. 9.

peuvent donc circuler librement au-dessus de la tête des

(1) Ce qui est la hauteur commune de toutes les salles du rez-de-chaussée et du premier étage, à l'exception de l'amphithéâtre, qui a une hauteur double.

(2) Voir *Phil. Trans.*, 1866, *Bakerian Lecture.*

personnes. C'est très commode, mais commo offet produit c'est très laid.

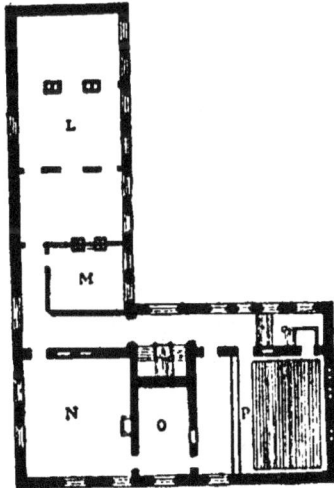

PREMIER ÉTAGE (Fig. 10).

Salles du deuxième étage. — En allant de l'est à l'ouest, on rencontre en Q une salle réservée aux recherches d'acoustique, puis en R une *bibliothèque de laboratoire* avec sept pupitres pour travailler (1). Dans cette salle se trouvent des *collections scientifiques complètes*, des traités de physique *et de chimie*, le spectre solaire de Rowland (en photographies), etc.

En S est une salle réservée aux recherches de chaleur

(1) Le laboratoire d'*Engineering*, dirigé par le célèbre Ewing, qui se trouve à côté du Cavendish Laboratory, possède également une belle bibliothèque de laboratoire avec des Revues et de grandes collections scientifiques. Tout cela est indépendant de la grande bibliothèque de l'Université.

rayonnante, puis deux salles, en T et U, réservées aux recherches d'optique.

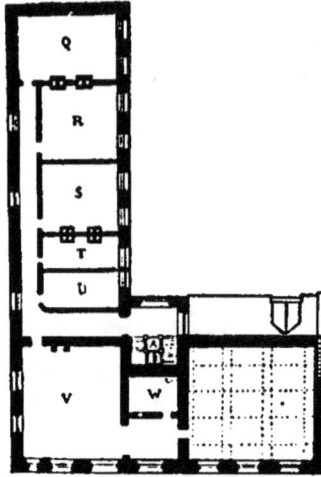

DEUXIÈME ÉTAGE (Fig. 11).

La salle V est très vaste ; elle sert pour les recherches
d'électricité statique, l'air de cette salle pouvant être con-
servé sec au moyen d'un artifice dû à M. Latimer Clark. A
cet effet, un cylindre de cuivre, situé sous une hotte, est
chauffé par des becs de gaz *intérieurs* et tourne en entraî-
nant un ruban de flanelle sans fin qui s'échauffe à son contact ; la vapeur d'eau qui s'échappe de la flanelle est en-
traînée par le courant d'air qui alimente les brûleurs et
s'en va dans la cheminée. La flanelle ainsi desséchée se re-
froidit et passe dans l'air de la salle dont elle absorbe l'humidité ; cette humidité s'en va à son tour dans la cheminée
et l'air devient ainsi de plus en plus sec, de façon que les
appareils électriques de la salle sont dans d'excellentes
conditions d'isolement.

Un fil métallique isolé, relié au conducteur d'une machine de Ramsden, par exemple, permet d'apporter l'électricité depuis la salle V jusque sur la table d'expériences de l'amphithéâtre, alors que l'air de celui-ci serait trop humide pour permettre un fonctionnement satisfaisant de la machine électrostatique.

W est une chambre noire pour la photographie.

Les portes de la salle d'acoustique et de la salle d'électricité statique s'ouvrent sur le corridor qui dessert les salles intermédiaires, de sorte que quand ces salles sont ouvertes on dispose, pour les expériences qui exigent un grand développement horizontal, de toute la longueur de l'édifice (120 pieds = 36m,56).

Une petite fenêtre, pour un héliostat, est percée dans le mur *ouest* de la salle d'électricité, juste en face de la porte, de sorte qu'on peut envoyer un rayon de lumière dans toute la longueur du bâtiment, ce qui peut être nécessaire pour certaines expériences.

Tour. — La tour du Cavendish Laboratory n'est pas un simple caprice architectonique, comme on va le voir; ses dimensions intérieures sont : 17 pieds (5m,18) sur 14 pieds 6 pouces (4m,42), et 59 pieds (17m,98) de haut. La salle la plus élevée du laboratoire est celle qui se trouve dans la tour à la hauteur du troisième étage, son plancher étant à plus de 50 pieds (15m,23) au-dessus du sol. Dans cette salle est une trompe à eau de Bunsen, dont l'eau a ainsi une hauteur de chute considérable. Cette trompe est employée à épuiser l'air d'un grand réservoir qui communique avec toutes les salles de recherches au moyen de tuyaux, de façon que si l'on veut faire le vide dans un récipient, il suffit de le relier à un de ces tuyaux et de mettre le robinet (à trois voies) sur le vide.

Dans l'axe de l'escalier de la tour est installé un grand manomètre à air libre, formé d'un tube métallique muni de tubes de verre à chaque étage pour observer le niveau du mercure. La partie inférieure du manomètre aboutit, au rez-de-chaussée, dans la salle de calorimétrie.

Sur le sommet de la tour peut être fixé un mât terminé par une pointe métallique, dans le but de recueillir et d'étudier l'électricité atmosphérique, laquelle est conduite à l'intérieur par un fil métallique isolé.

Cabinet de physique. — Il est situé au premier étage et occupe la salle N, salle carrée d'environ 12 mètres de côté. Des vitrines, situées à un mètre du sol environ, font le tour de la pièce, au milieu de laquelle sont d'autres vitrines et différents appareils. La disposition des vitrines murales rappelle celle qui est usitée dans certains bureaux de

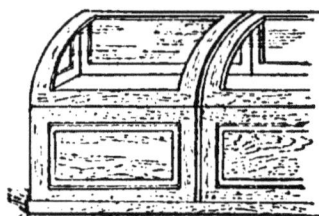

Fig. 12.

travail et certains meubles de salon ; toute la partie supérieure est vitrée, tandis que la partie inférieure forme armoire. On y voit, notamment, les reliques scientifiques et les manuscrits de Clerk Maxwell, qui fut le prédécesseur de J.-J. Thomson au laboratoire.

Appareils à signaler. — 1° Une disposition expérimentale, due à Maxwell, pour montrer aux élèves la source de l'énergie des courants induits. Maxwell a voulu montrer d'une manière saisissante que cette énergie provient de celle du circuit inducteur *par l'intermédiaire du milieu extérieur.*

2° Un grand nombre de machines pneumatiques à mercure.

3° Les miroirs paraboliques en zinc et tout le dispositif nécessaire pour répéter les expériences de Hertz.

3

4° Des *supports de fonte à trois branches*. Ces supports portent des rainures qui permettent de les empiler les uns sur les autres en très grand nombre et d'avoir ainsi des supports verticaux d'une très grande stabilité (voir des supports analogues au Royal College of Science).

5° Les étalons originaux de résistance de l'Association britannique, ainsi que la bobine tournante, le régulateur de vitesse et le pont employés pour leur construction.

6° L'électromètre à quadrants de lord Kelvin construit par White de Glascow.

7° Des bobines de résistance allant jusqu'à 100,000 ohms.

8° Une machine électrique à plateau de verre de 3 pieds 6 pouces (1^m,06) de diamètre.

9° Une machine électrique à plateau d'ébonite de 30 pouces (0^m,76) de diamètre.

10° Une presse hydraulique de construction particulière, construite par Ladd et Cie.

Travaux pratiques. — Il y a, en dehors de l'édifice proprement dit du Cavendish Laboraty, deux salles de manipulations; l'une qui sert pour les élèves avancés, l'autre destinée aux élèves qui sont les analogues de nos candidats au P. C. N. La première est une fort belle salle tout à fait semblable à celle que nous consacrons à Toulouse aux futurs médecins. Tout autour de cette salle sont des armoires destinées à renfermer les appareils de manipulations, ainsi qu'une *petite bibliothèque destinée aux élèves*. A côté de cette salle de manipulation est un petit laboratoire de chimie, ce qui manque absolument à Toulouse. Remarqué beaucoup de lunettes sur des pieds métalliques et de nombreux galvanomètres.

Aux futurs médecins est consacrée une immense salle de 27 à 28 mètres de long, de 12 mètres de large et de 5 mètres de hauteur. *Tous les appareils mis entre les mains de ces élèves sont construits dans le laboratoire.* On en fait toujours vingt à la fois : 20 manomètres, 20 lunettes, 20 tubes de Mariotte (à réservoir long de 50 à 60 centimètres), etc.

Vu, à propos des expériences sur le pendule et la chute des corps, *une très ingénieuse disposition pour lire immédiatement le centième de seconde*. A cet effet, un mouvement d'horlogerie fait faire un tour par seconde à une aiguille parcourant un cadran de 35 centimères de diamètre. Ce cadran, ayant environ un mètre de tour à l'endroit de la graduation, le centième de seconde occupe un centimètre. Une disposition simple arrête l'aiguille instantanément. D'autre part, un compteur de sirène donne le nombre entier de tours et, par suite, les secondes.

Amphithéâtre. — C'est une très belle salle P de 38 pieds (11^m,58) de long, 35 pieds (10^m,66) de large et 28 pieds (8^m,53) de hauteur, et qui peut contenir 180 étudiants environ. La table d'expériences, qui est en chêne, occupe toute la largeur de la pièce et est supportée par la partie supérieure du mur, épais de 18 pouces (0^m,46), qui forme l'une des parois de la salle des accumulateurs K.

Les bancs sont droits et placés, par rapport à l'horizon, sur un angle de 30 degrés environ ; il y a trois portes pour assurer la sortie de la salle. Celle-ci est munie de panneaux en chêne jusqu'à une hauteur de 9 pieds (2^m,74), au-dessus de laquelle les murailles sont en brique, ornée de colonnes qui supportent le plafond.

La salle est éclairée par quatre fenêtres munies de volets de bois qu'on peut ouvrir ou fermer simultanément au moyen de vis sans fin et d'engrenages convenables.

Le plafond est tout en bois et fort beau, ce qui est la caractéristique de beaucoup d'édifices anglais ; il est percé de trous convenablement masqués qui, aboutissant dans une cheminée, assurent la ventilation de la salle.

Au-dessus de ce plafond est un galetas, au haut duquel peut s'attacher un pendule de Foucault passant par une trappe et dont l'extrémité vient sur la table d'expériences de l'amphithéâtre. Avec un tel pendule, de 10 mètres environ, un quart d'heure suffit pour voir le déplacement de son extrémité et accuser directement le mouvement de rotation de la terre.

A côté de l'amphithéâtre est la salle de préparation du cours O.

Il y a, enfin, en plus de l'amphithéâtre, une salle de conférences plus petite et un *lavatory* pour les étudiants (1).

Personnel du Laboratoire. — Un *professor* (J.-J. Thomson), un *lecturer* (W.-N. Shaw), un *assistant of lectures*, trois *demonstrators* qui donnent des conférences et deux *assistants-demonstrators*.

Renseignements divers. — Les appointements du *professor* sont les suivants :

Comme *professor*. . . . . 650 £.
Comme *fellow* d'un collège. 250 £.

Total. . . . 900 £., soit 22,500 francs.
A déduire l'*Income Tax*. . 21 £. 13 s. 4 d.

Appointements nets. . 878 £. 6 s. 8 d. = 21,958 fr. 30.

Le *lecturer*, M. Shaw, a de 10 à 12,000 francs et est logé à *Emmanuel College*.

Voici la comptabilité officielle du Laboratoire en 1895, tirée du volume annuel qui résume tous les actes accomplis par l'Université de Cambridge.

(1) Les plans du Cavendish Laboratory sont dus à M. W. M. Fawcett, M. A. de *Jesus College*; la sage répartition des salles et la prévision de tous les besoins expérimentaux est due à Clerk Maxwell. La construction et l'aménagement ont coûté 10,000 Livres sterling, soit 250,000 francs.

*Résumé des recettes du Cavendish Laboratory du 1ᵉʳ janvier
au 31 décembre 1895.*

Droits payés pour les cours et confé-rences.	1,444 £.	16 s.	0 d.
Examens et travaux pratiques faits dans le laboratoire..	15	18	0
Intérêt du fonds de lord Rayleigh.. .	24	15	0
Intérêt de 1,200 £. de la *Corporation des Stocks de Manchester*.	34	16	0
Vente d'une vieille chaudière.. . . .	9	0	0
Total.	1,529 £.	5 s.	0 d.

*Résumé des dépenses du Cavendish Laboratory du 1ᵉʳ janvier
au 31 décembre 1895.*

Remboursé à l'Université et aux *lec-turers*.	223 £.	6 s.	10 d.
Appareils, provisions, impressions, etc.	122	14	11
Gages. . . . . 330,11,0 ⎱ Reçu en moins du muséum. 224,8,0 ⎰	106	3	0
Demonstrators.	779	13	4
Part du *professor* sur les droits. . . .	100	0	0
Payé au *Financial Board* (pour le coût d'un nouveau bâtiment).	1,000	0	0
Total.	2,331 £.	18 s.	1 d.

Signé :

J.-J. THOMSON.

17 février 1896.

De ce document officiel remarquablement bref découlent
plusieurs conséquences :

1° Les laboratoires des Universités anglaises ne sont pas
astreints à équilibrer le budget des recettes et des dépenses,

puisque nous voyons le Cavendish Laboratory dépenser environ 800 £., c'est-à-dire 20,000 francs, de plus qu'il ne reçoit, la différence étant évidemment soldée par la caisse de l'Université.

2° C'est le laboratoire qui paye directement les demonstrators et le personnel inférieur. Les appointements des trois demonstrators étant d'environ 780 £., chacun d'eux, en moyenne, touche 260 £. ou 6,500 francs, c'est-à-dire plus que ne touche, en France, un professeur titulaire de Faculté de 4° classe !

LABORATOIRE DE PHYSIQUE D'OXFORD.

Clarendon Laboratory. — Ce laboratoire fut construit en 1872, pour l'étude de la physique expérimentale, au moyen de fonds provenant d'un legs du comte Clarendon, autrefois lord chancelier. Au point de vue de l'œil, c'est une assez belle construction dans le style anglais, en brique et pierre (Voir la phototypie ci-contre, d'après les clichés de M. J. Privat). Trait caractéristique : ce laboratoire a été bâti sur les plans du professeur Clifton qui le dirige encore à l'heure actuelle et qui passe, à bon droit, paraît-il, pour un original. C'est spécialement un laboratoire d'optique.

Atelier. — Il y a un atelier pour le travail du bois et des métaux dirigé par un très habile garçon de laboratoire.

Salles de recherches. — Ce sont généralement des salles d'optique, peintes en noir mat ; il y en a une belle au rez-de-chaussée. Au premier étage s'en trouvent plusieurs autres et particulièrement une très grande *que l'on peut partager en trois, au besoin, à l'aide de cloisons mobiles.*

Dans les salles de recherches qui ne sont pas exclusivement consacrées à l'optique, les briques manquent dans les murs à certains endroits afin de pouvoir y insérer, le cas

échéant, des appareils qui participeraient ainsi de la stabilité du mur.

Cabinet de physique. — Il constitue la pièce par laquelle on entre dans le laboratoire ; on y voit un grand nombre d'anciens instruments dans des vitrines bien disposées à cet effet.

Appareils à signaler. — 1° Un grand spectroscope à plusieurs prismes.

2° Une fort belle collection de spaths d'Islande non encore taillés ; il y en a de dimensions inaccoutumées.

3° Une série de bancs d'optique du professeur Clifton, à deux rails, décrits dans les *Proceeding of the Physical Society of London.*

4° Un électromètre Thomson à quadrants *dont on peut renouveler l'acide sulfurique du dehors sans toucher à l'appareil.* Le zéro de cet appareil, dont la disposition est due au professeur Clifton, est à peu près invariable, tandis qu'avec la disposition de M. Mascart le zéro est extrêmement variable.

5° Un certain nombre d'*isolateurs* du professeur Clifton. C'est une variante de l'isolateur Mascart, mais dans laquelle il est inutile de changer l'acide sulfurique, vu qu'ordinairement on n'en met pas. C'est le rodage à l'émeri de la partie inférieure du bâton de verre qui assure, semble-t-il, l'isolement électrique.

6° Toute une série d'appareils du professeur Clifton pour l'électricité de contact (Voir *Proc. Roy. Soc.*, t. XXVI, p. 299).

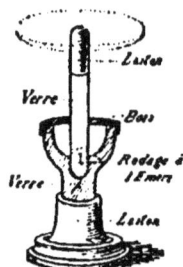

Fig. 13.

Travaux pratiques. — Les salles de manipulations ne présentent rien de bien particulier ; elles

conviennent au petit nombre d'élèves (vingt-huit) qui fré-
quentent Clarendon Laboratory.

On peut remarquer la disposition intéressante servant à
la mesure rapide et précise de la longueur
du pendule simple. L'appareil figuré ci à
côté, qui se comprend à simple vue, a été
construit, ainsi que beaucoup d'appareils,
par le garçon de laboratoire.

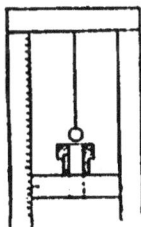

Amphithéâtre. — Il est analogue comme
disposition et dimensions à celui du laboratoire de physique de l'Université de Toulouse.

Fig. 14.

Laboratoire de chimie de Balliol College. —
Rien de particulier. Remarqué : 1° Une pompe Fleuss (déjà
vue en plusieurs endroits).

2° *L'appareil de chauffage rapide du laboratoire.* — C'est
un tube de fonte de 10 centimètres de diamètre extérieur,
plusieurs fois replié sur lui-même en forme de jeu d'or-
gue. On allume sous l'orifice inférieur A un fort bec Bunsen ; il se produit immédiatement un fort courant d'air
chaud qui, frottant contre les parois du tuyau de fonte,
échauffe le tuyau. Au bout de quelques minutes, les parois
de celui-ci rayonnent fortement de la chaleur autour d'elles.
C'est simple, rapide et commode, et cela peut être employé
partout.

3° Plusieurs étages de boîtes longues, disposées contre
un mur, pour les tubes de verre de différentes grosseurs.

II. — ENSEIGNEMENT DE LA PHYSIQUE EN ANGLETERRE.

Les travaux pratiques. — J'ai pu étudier les expériences faites en manipulations pour quatre des établissements anglais précédemment décrits, savoir : *Royal College of Science, City and Guilds of London Institute, University College of Bristol* et *Cavendish Laboratory of Cambridge.*

Royal College of Science. — Les manipulations du Royal College of Science sont l'objet d'une publication imprimée. La première partie, relative aux débutants et aux futurs médecins, forme un volume de 164 pages, du prix de 1 schilling (1 fr. 25), avec 39 dessins d'appareils ou de démonstration, sans compter d'autres figures de moindre importance insérées dans le texte sans numéro d'ordre. 82 pages blanches, insérées chacune entre deux pages imprimées, permettent à l'étudiant de prendre des notes sur son livre de manipulations sans être obligé de souiller les marges de ce livre qui, outre la description et l'explication de 29 manipulations ou groupes de manipulations, contient encore un grand nombre de renseignements utiles au physicien.

La distribution de ces manipulations est la suivante :

6 sur l'emploi des instruments de mesure, la pesanteur, la capillarité, l'élasticité et les moments d'inertie;

5 sur la chaleur;

3 sur l'acoustique;

6 sur l'optique;

9 sur l'électricité et le magnétisme.

Au fond, les manipulations élémentaires du *Royal College*

of Science sont collos que l'on trouvo installées dans les laboratoires français ; mais la partio originalo de l'onsoignomont du *Science and Art Department*, c'ost, *toutes les fois qu'un appareil de physique est susceptible d'être réalisé avec du verre, du bois, du carton et de la colle, d'obliger l'élève à vérifier les lois physiques avec l'appareil qu'il a préalablement construit.*

C'ost ainsi quo les débutants apprennont à fairo :

Uno copio sur verro d'uno graduation on millimètros ;
Un manomètro à air libro ;
Un thermomètro à alcool à *minima* ot à lo graduor ;
Un monocordo ;
Un goniomètro à cerclo divisé horizontal ;
Un prismo à liquido ;
Uno pile do Volta ;
Un galvanomètro différentiol dos sinus avec l'étalonnago du galvanomètro fonctionnant en différentiol ;
Un galvanomètro différentiol dos tangentes ot l'étalonnago du galvanomètro fonctionnant commo différentiol ;
Un pont do Wheatstone ;
Un éloctrophoro ;
Une boutoillo de Loydo ;
Un support isolant ;
Un électroscopo à feuilles d'or ;
Dos plans d'épreuvo ;
Dos conductours isolés.

Los élèves trouvent dans leur livro do manipulations des renseignomonts pratiquos, do véritables *recettes* pour :

Fairo dos joints soudés dans un métal ;
Travaillor lo verre au chalumeau ;
Fairo lo ciment d'acide acétiquo ;
Fairo la collo à la glycérino ;
Fairo lo vernis d'écaillo ;

Faire le vernis noir à froid ;

Argenter le verre.

La deuxième partie des manipulations, relative aux élèves avancés, est encore en cours de publication (1). Ces manipulations présentent évidemment beaucoup de parties
communes avec les nôtres ; celles qui sortent de la tradition
française seront, un peu plus loin, l'objet de remarques
qui, je l'espère, ne paraîtront pas dénuées d'intérêt.

City and Guilds of London Institute. — Les manipulations
ne font pas l'objet d'une publication sous forme de livre ;
elles forment des feuilles de une ou deux pages imprimées
sur papier in-8°, sans figures. Je n'ai pu me procurer que
les feuilles de douze manipulations d'optique. A l'exception
de deux, elles ne présentent rien de particulier.

University College, Bristol. — Les manipulations sont,
pour la partie élémentaire, l'objet d'une publication imprimée, non illustrée, de 104 pages, du prix de 2 s. 6 d.
(3 fr. 10). Des explications y sont données sur 144 manipulations proposés qui portent :

29 sur la mécanique (appareils de mesure, pesanteur,
      composition des forces, hydrostatique, capillarité,
      loi de Mariotte);

18 sur la chaleur ;

13 sur le magnétisme ;

42 sur l'électricité ;

10 sur l'acoustique ;

32 sur l'optique.

A part quatre peut-être, ces manipulations pourraient
être faites par nos élèves.

(1) Ceci était vrai à la fin de l'année 1898, c'est-à-dire au moment
de la rédaction de cette étude.

Pour les élèves avancés, la liste des manipulations indique :

19 manipulations de mécanique;

24 manipulations d'électricité et de magnétisme;

10 manipulations d'acoustique;

14 manipulations de chaleur.

La liste des manipulations d'optique et d'électro-technique me manque.

Le nombre considérable des manipulations de mécanique, parmi lesquelles six portent sur l'élasticité des métaux ou des isolants, s'explique par la tendance pratique des études, qui préparent surtout aux sciences appliquées et à l'art de l'ingénieur. Mécanique à part, un assez grand nombre des manipulations de Bristol sont à retenir.

Cavendish Laboratory, Cambridge. — Les manipulations de Cambridge peuvent être étudiées soit dans le livre de manipulations, « *Practical Physics*, » dû à M. Shaw, Lecturer of Cavendish Laboratory, et qui n'est que l'émanation des traditions suivies au laboratoire de physique de Cambridge, soit dans les feuilles d'examen de l'Université de cette ville, que je possède, et qui se rapportent exclusivement à l'examen d'honneur. Un grand nombre sont intéressantes.

Manipulations anglaises peu usitées en France.

J'ai groupé dans le tableau suivant toutes les manipulations qui m'ont paru différer nettement des nôtres (1),

(1) Il ne peut s'agir évidemment que d'une sorte de classification *moyenne* des manipulations étrangères à la pratique ordinaire de nos laboratoires de physique. Plusieurs des 54 manipulations suivantes pourront être rencontrées dans une ou deux universités françaises, mais elles ne le seront pas, en général, dans les autres.

avec l'indication de l'établissement dans lequel ces manipulations sont faites :

R. C. Sc. = Royal College of Science.
C. G. L. I. = City and Guilds of London Institute.
U. C. Br. = University College, Bristol.
C. L. C. = Cavendish Laboratory, Cambridge.

Mécanique (Pesanteur, Elasticité, Hydrostatique, Capillarité).

1. — Composition des vitesses au moyen d'un jet d'eau.
   Mesure de g (U. C. Br.).
2. — Percussions. Pression due à un courant d'eau. Mesure de g (U. C. Br.).
3. — Pendule balistique (U. C. Br.).
4. — Moment d'inertie d'une roue pesante (U. C. Br.).
5. — Mesure de g par la chute d'un cylindre sur un plan
   incliné (U. C. Br.).
6. — Mesure de g par la chute d'un diapason le long
   d'une plaque enfumée (U. C. Br.).
7. — Elasticité d'un ressort spirale, par traction, par oscillation (U. C. Br.).
8. — Coefficient d'élasticité d'un fil d'acier au moyen du
   cathétomètre (U. C. Br.).
9. — Module de torsion d'un fil au moyen de l'aiguille
   d'oscillation de Maxwell (C. L. C.).
10. — Coefficient de frottement. Trois méthodes (U. C. Br.).
11. — Coefficient de viscosité d'un liquide. Influence de la
    température (R. C. Sc.) (U. C. Br.).
12. — Densités par la balance de Jolly (C. L. C.).
13. — Densité de la glace par la méthode de Bunsen (R.C.Sc.).
14. — Mesure de la pression exercée, pour différentes va-
    leurs du rayon, par une bulle de savon sur l'air
    qu'elle renferme (R. C. Sc.).
15. — Multiplicateur capillaire de Worthington (C. L. C.).

Chaleur.

16. — Dilatation absolue du mercure (U. C. Br.).
17. — Coefficients de dilatation de l'air à pression et à volume constants (U. C. Br.) (C. L. C.).
18. — Loi du mélange des gaz. Expérience de Dalton (C. L. C.).
19. — Hygromètre de Dynes (U. C. Br.) (C. L. C.).
20. — Courbe des pressions de la vapeur d'eau saturée (U. C. Br.).
21. — Mesure de la chaleur de dissolution d'un sel dans l'eau (R. C. Sc.) (U. C. Br.).
22. — Abaissement du point de congélation par les sels dissous (C. L. C.).
23. — Equivalent mécanique de la chaleur par une méthode de frottement (U. C. Br.) (C. L. C.).
24. — Vérifier la loi du refroidissement de Newton (C. L. C.).
25. — Ranger les corps dans l'ordre de leurs conductibilités au moyen du thermomètre de contact de Fourier (U. C. Br.).

Acoustique.

26. — Longueur d'onde d'un son très aigu, dans l'air, au moyen d'une flamme sensible (U. C. Br.) (C. L. C.).
27. — Vitesse du son par résonnance (C. L. C.).

Optique.

28. — Déterminer les indices de réfraction des solides au moyen du microscope (C. G. L. I.).
29. — Déterminer les indices de réfraction des liquides au moyen du microscope (C. G. L. I.).
30. — Faire un stéréoscope de Wheatstone avec deux miroirs plans (U. C. Br.).

31. — Disposer deux prismes de façon à former un stéréoscope ordinaire de Brewster (U. C. Br.).
32. — Rayon de courbure d'une surface sphérique par réflexion (C. L. C.).
33. — Vérification des surfaces planes (C. L. C.).
34. — Pouvoir éclairant du gaz. — Méthode de Bunsen (C. L. C.).
35. — Miroir de Lloyd. — Etude des bandes d'interférences (C. L. C.).
36. — Mesure de l'angle de polarisation maxima avec le dispositif de Jamin (R. C. Sc.).
37. — Emploi du polaristrobomètre de Wild (R. C. Sc.).
38. — Emploi de la boîte de couleurs de Maxwell et lord Rayleigh (C. L. C.).

Electricité et Magnétisme.

39. — Dessiner les courbes équipotentielles d'une plaque métallique mince traversée par un courant (R. C. Sc.) (U. C. Br.).
40. — Mesure de H au moyen d'une boussole des tangentes (R. C. Sc.) (U. C. Br.).
41. — Construction d'une pile étalon Latimer-Clark (R. C. Sc.) (U. C. Br.).
42. — Emploi du pont de Carey-Foster (C. L. C.).
43. — Calibrage d'un pont à fil (R. C. Sc.) (U. C. Br.)
44. — Mesure des faibles résistances par la méthode de Matthiessen et Hockin (R. C. Sc.).
45. — Résistance d'un isolant (U. C. Br.).
46. — Détermination absolue de l'ohm (U. C. Br.).
47. — Potentiomètre de Clark (C. L. C.).
48. — Equivalent mécanique par la loi de Joule (U. C. Br.) (C. L. C.).
49. — Distance explosive dans l'air (U. C. Br.).
50. — Capacité absolue d'un condensateur (U. C. Br.).

51. — Rapport des unités de capacité. — Mesure de *v*
   (U. C. Br.).
52. — Mesure de la perméabilité magnétique du fer (R. C.
   Sc.) (U. C. Br.) (C. L. C.).
53. — Mesure des self et *mutual* inductances (R. C. Sc.)
   (U. C. Br.) (C. L. C).
54. — Essai d'un électro-moteur (U. C. Br.).

Si incomplet que puisse être le tableau précédent, il est
éloquent par lui-même, car il montre combien sont nombreuses et profondes les différences qui existent entre la
conception anglaise de l'enseignement de la physique et la
nôtre.

Cherchons à nous rendre compte de ces différences. — Un
peu d'attention montre immédiatement que les sujets de prédi-
lection de l'enseignement d'outre-Manche sont très souvent les questions auxquelles est attaché un nom anglais.
Qu'il me suffise, pour justifier ce qui précède, de citer les
manipulations suivantes, en faisant suivre leur numéro du
nom du savant anglais qui s'y rapporte. On trouve ainsi :

8 (Young) (1), 9 (Maxwell), 15 (Worthington), 18 (Dalton),
19 (Dynes), 23 (Joule), 24 (Newton), 26 (Lord Rayleigh),
30 (Wheatstone), 31 (Brewster), 35 (Lloyd), 36 (Brewster),
38 (Maxwell), 41 (Latimer-Clark), 42 (Carey-Foster),
43 (Wheatstone), 46 (Association Britannique), 47 (Latimer-
Clark), 48 (Joule), 51 (Maxwell), 52 (Lord Kelvin),
53 (Maxwell, Lord Kelvin).

Cette première remarque rend déjà compte de 22 exceptions sur 54, c'est-à-dire de presque la moitié. D'autres
exceptions proviennent de ce que les professeurs anglais
traitent, dans leurs cours de physique, des questions de
mécanique rationnelle, de pesanteur, de physique mathé-

(1) Notre coefficient d'élasticité est, pour les Anglais, le module de
Young..

matique, ou même des questions rentrant dans la science de l'ingénieur, — lesquelles sont absolument exclues de nos cours de physique expérimentale (1). Dans ce genre rentrent les questions portant les numéros 1, 2 3, 4, 10, 11, 39, 54.

D'autre part, un certain nombre de manipulations anglaises paraissent dépasser nettement la force moyenne de nos élèves de licence ; tout au plus pourraient-elles être proposées à nos candidats à l'agrégation (2) : c'est le cas des numéros 13, 14, 16, 17, 33, 35, 38, 43, 45, 46, 48, 49, 50, 51, 53.

De plus, les manipulations 25, 37 et 40 s'appliquent, soit à un appareil vieilli et démodé (thermomètre de contact) ou peu usité en France (polaristrobomètre de Wild), soit à une même formule qu'on résout par rapport à deux variables différentes (boussole des tangentes). Quant à la manipulation 24, on la fait implicitement en France, quand on détermine la chaleur spécifique des liquides par la méthode du refroidissement.

Si l'on remarque enfin que les Anglais étudient avec le plus grand soin tout ce qui se rapporte à la machine à vapeur et à la construction des vaisseaux, c'est-à-dire aux diverses propriétés de la vapeur d'eau, du fer, des métaux usuels, du bois, etc., on aura l'explication de quelques rares manipulations auxquelles il n'a pas été fait allusion.

Les questions d'examen. — Je n'ai pu étudier les tendances de l'enseignement anglais que sur les questions proposées pour l'examen final du (B. Sc.) à l'Université de

---

(1) La mécanique rationnelle, la pesanteur, l'hydrostatique et l'hydrodynamique font partie des cours de licence mathématique.

(2) En France, on pose généralement en principe qu'un élève doit tirer de l'appareil de manipulations qu'il a entre les mains toute la précision possible, compatible avec son éducation physique. Il nous paraît absurde de faire faire grossièrement des manipulations de haute précision, comme la détermination absolue de l'ohm, par exemple.

4

Cambridge. N'ayant pas, comme pour les travaux pratiques, de point de comparaison avec les autres Universités anglaises, je suis obligé de faire quelques réserves sur la généralité des conclusions auxquelles je pourrai être amené.

Je rangerai sous les rubriques générales : mécanique, chaleur, acoustique, optique, électricité et magnétisme, les questions de physique que ne pourrait résoudre, d'une façon satisfaisante, un bon élève moyen de licence physique.

On trouve alors la répartition suivante :

Mécanique (Pesanteur, Elasticité, Hydrostatique, Hydrodynamique).

1. — Admettant la loi de fréquence des erreurs $\frac{1}{c\sqrt{\pi}} e - \frac{x^2}{c^2} dx$, montrer que l'erreur du moyen carré $= \frac{c}{\sqrt{2}}$ et indiquer les hypothèses faites pour arriver à ce résultat.

Distinguer entre l'erreur du moyen carré et l'erreur probable.

Huit lectures sont prises de la position de chaque extrémité d'une colonne de mercure, savoir : 130, 129, 131, 129, 131, 127, 132, 131, et 203, 200, 197, 200, 198, 202, 201, 199. Trouver l'erreur probable, la longueur de la colonne étant prise égale à 70.

2. — Etablir les équations d'équilibre d'un corps isotrope déformé sous la forme

$$m \frac{d\delta}{dx} + n\Delta^2\xi + \rho X = o, \text{ etc.}$$

et déterminer la dilatation quand les forces extérieures ont un potentiel.

Montrer qu'il y a deux plans de *shearing stress* correspondant à une direction donnée de *shearing stress*, mais qu'il n'y a qu'un tel plan pour une direction donnée de *no stress* (tension nulle).

3. — Un bouilleur à vapeur a la forme d'un cylindre avec des extrémités sphériques; déterminer la tension : 1° per-

pendiculairement à une génératrice du cylindre ; 2° parallè-
lement à une génératrice ; 3° perpendiculairement à une
ligne quelconque de l'extrémité, quand le bouilleur est
soumis à un excès donné de la pression intérieure sur la
pression extérieure.

4. — Rechercher l'influence, sur la durée d'oscillation
d'un pendule, de l'arrondissement de l'arête du couteau sur
laquelle il repose. Comment procéderiez-vous dans le but
de tenir compte de cet effet?

5. — Décrire et expliquer la méthode de Cavendish pour
la détermination de la densité moyenne de la terre. — Quels
perfectionnements ont été apportés à l'appareil employé
pour cette détermination ?

6. — Quelle est la nature de l'évidence pour l'existence
d'une énorme pression à l'intérieur des liquides? Indiquer
le raisonnement par lequel une estimation grossière de la
valeur de cette pression peut être obtenue pour l'eau.

7. — Donner un exposé du phénomène de l'osmose, en
expliquant ce que signifient les expressions : pression osmotique, solutions isotoniques ou isoosmotiques. — Décrire une expérience au moyen de laquelle la pression osmotique peut être montrée. Quelles tentatives ont été faites
pour expliquer la pression osmotique?

8. — Donner un court essai sur la diffusion des liquides.

9. — Etablir la formule de l'effusion adiabatique d'un
gaz parfait, c'est-à-dire $v^2 - v_0^2 = 2gK(t - t_0)$, en exposant
clairement les hypothèses faites. — En admettant que cette
formule soit bonne pour tout le jet, déterminer la température de la section contractée de la veine et montrer que
la vitesse dans cette section est celle du son ; éprouver enfin
cette hypothèse par comparaison avec les résultats qui ont
été observés par lord Kelvin et Joule.

10. — Déterminer la distribution la plus probable de la
vitesse dans les molécules d'un gaz en prenant en considé-
ration (si vous pouvez) l'action des forces sur les molécules

qui ont un potentiel. — Montrer ainsi que si l'énergie ci-
nétique moyenne mesure la température, la température
d'une colonne de gaz est partout la même indépendamment
de l'action de la pesanteur.

Chaleur.

11. — Décrire et expliquer la méthode d'Angström pour
la détermination de la conductibilité absolue d'une substance. — Un courant constant passe à travers un fil homo-
gène uniforme; déterminer la distribution stationnaire de
température le long du fil lorsque ses extrémités sont con-
servées à la température de l'air, en négligeant les variations avec la température de son périmètre, de sa section
droite, de son pouvoir émissif et de sa conductibilité à la
fois thermique et électrique.

Acoustique.

12. — Que sont les flammes sensibles et comment peut-on
les produire? Décrire comment de telles flammes peuvent
être employées pour la mesure de la longueur d'onde des
sons très aigus.

Optique.

13. — Démontrer le théorème de Helmholtz que, dans le
passage d'un rayon à travers un instrument d'optique,
$\mu \beta \, tga$ est constant, β dépendant de la grandeur de l'image
et a de la divergence du rayon.

14. — Discuter le système des bandes d'interférence ob-
tenues en lumière monochromatique par la méthode de
Lloyd, quand une glace de verre mince est placée sur le
chemin du faisceau direct et déterminer la position de la
bande achromatique en lumière blanche. — Si la source
de lumière est une fente, montrer que la netteté des bandes
décroît avec leur numéro d'ordre. Cela est-il vrai aussi

quand les bandes sont formées par réflexion sur les miroirs de Fresnel?

15. — Décrire brièvement la méthode de Michelson pour obtenir le rapport au mètre de la longueur d'onde de la lumière rouge du cadmium, en expliquant l'appareil employé.

16. — Donner un exposé des principaux phénomènes de dispersion anormale (*question posée à deux reprises*).

17. — Décrire les recherches d'Abney sur la photométrie des couleurs et expliquer (à l'aide d'une figure) la nature de l'appareil inventé par lui pour ces recherches.

18. — Décrire les expériences de Maxwell sur les couleurs, en expliquant son triangle des couleurs et la représentation sur celui-ci de l'intensité, de la teinte et de la fraction de saturation de la couleur.

19. — Discussion critique des méthodes qui ont été employées pour étudier le pouvoir diathermane des gaz et des vapeurs.

20. — Un rayon de lumière tombe sur un vase de verre contenant de l'eau tenant en suspension de nombreuses petites particules. Sous quels rapports la lumière transmise différera-t-elle de la lumière réfléchie?

21. — Expliquer les raisons des phénomènes suivants : 1° la couleur bleue d'un ciel sans nuage; 2° l'apparence rouge du soleil vu dans un brouillard.

22. — Si les équations de la propagation d'une perturbation optique dans un milieu biréfringent le long de l'axe des z sont

$$\frac{d^2\xi}{dt^2} = a\,\frac{d^2\xi}{dz^2} + \beta\,\frac{d^3\eta}{dz^3},$$

$$\frac{d^2\eta}{dt^2} = c\,\frac{d^2\eta}{dz^2} - \beta\,\frac{d^3\zeta}{dz^3},$$

où β est très petit : 1° obtenir les vitesses de propagation et le rapport des axes de l'ellipse de polarisation ; 2° discuter les résultats quand $c = a$; 3° montrer que la polarisation elliptique est inappréciable à moins que l'axe optique ne coïncide sensiblement avec l'axe des z.

23. — En admettant les équations de la propagation du déplacement électrique (f, g, h) dans un milieu cristallisé, c'est-à-dire

$$\frac{d^2f}{dt^2} = A^2\Delta^2f - \frac{d\Omega}{dx}, \quad \frac{d^2g}{dt^2} = B^2\Delta^2g - \frac{d\Omega}{dy}, \quad \frac{d^2h}{dt^2} = C^2\Delta^2h - \frac{d\Omega}{dz},$$

où
$$\Omega = A^2\frac{df}{dx} + B^2\frac{dg}{dy} + C^2\frac{dh}{dz},$$

prouver que la vitesse de propagation est déterminée par la construction de Fresnel et que la direction du déplacement électrique est dans le plan de l'onde et perpendiculaire au plan de polarisation.

Electricité et Magnétisme.

24. — Donner la théorie de l'inversion en tant qu'appliquée aux problèmes électriques et l'appliquer au cas d'une sphère conductrice sur laquelle est distribuée uniformément une charge électrique.

25. — Qu'entend-on en électrolyse par « migration des ions? » La migration de l'hydrogène est cinq fois plus rapide que celle du chlore. Comment ce résultat est-il démontré expérimentalement?

26. — Quels phénomènes ont été observés dans la décharge de l'électricité à travers les tubes à vide? Quelles conclusions tireriez-vous de là?

27. — Expliquez une méthode de détermination de la perméabilité magnétique d'une substance, en établissant clairement ce que vous entendez par cette expression et donnez un résumé des résultats généraux qui ont été observés sur un seul échantillon de fer.

Un long fil mince de fer doux est placé verticalement et à l'*est* d'une de ses extrémités et dans le même plan horizontal qu'elle est une petite aiguille aimantée qui est libre de se mouvoir autour d'un axe vertical. Prouver que la suscoptibilité magnétique du fer est $\frac{d^2}{s}tg\theta\,ctg\,\delta$, s étant la section du fil, d la distance de son extrémité à l'aiguille, θ la déviation de l'aiguille, δ l'inclinaison magnétique.

28. — Quelles sont les difficultés que l'on rencontre dans la construction des moteurs à courant alternatif et comment ces difficultés ont-elles été jusqu'à un certain point vaincues?

29. — Montrer que le coefficient de self-induction d'un circuit est égal à deux fois l'énergie du champ magnétique produite par l'unité de courant passant dans le circuit; et calculer le coefficient de self-induction par unité de longueur d'un circuit formé d'un cylindre indéfiniment long et d'un tube coaxial mince qui sont joints à leurs extrémités de façon que le courant venant de l'un retourne par l'autre.

30. — Ecrire un court essai sur le champ électromagnétique de Maxwell.

Le grand nombre des questions d'examen que nos élèves de licence ne seraient pas capables de traiter est assez considérable et, comme pour les travaux pratiques, c'est la preuve de la façon très différente dont les professeurs anglais et français enseignent la physique.

Si vraiment les trois ou quatre catégories de raisons que j'ai indiquées pour expliquer la différence qu'il y a entre les sujets de manipulations anglais et français sont valables, elles doivent pouvoir rendre compte des trente questions d'examen qui précèdent et à peu près dans la même proportion.

Les questions d'examen franchement britanniques sont très nombreuses, ce sont les suivantes :

5 (Cavendish, Boys), 9 (lord Kelvin, Joule), 10 (Maxwell), 12 (lord Rayleigh), 14 (Lloyd), 17 (Abney), 18 (Maxwell), 19 (Tyndall), 20 (sir Stokes, lord Rayleigh), 21 (lord Rayleigh), 22 (Maxwell), 23 (Maxwell), 24 (lord Kelvin), 26 (Warren de la Rue, Faraday, sir W. Crookes), 27 (lord Kelvin), 29 (lord Kelvin), 30 (Maxwell).

Sur 30 exceptions, nous trouvons 17 sujets absolument anglais, c'est-à-dire plus de la moitié, et, parmi eux, les sujets traités par Maxwell, lord Kelvin et lord Rayleigh interviennent dans la proportion de 12 sur 30 !

Les sujets presque entièrement étrangers à nos cours de physique expérimentale comme ceux qui se rapportent à la théorie des erreurs, à la théorie complète de l'élasticité, à la pesanteur, à l'hydrodynamique des liquides et des gaz, sont aussi en forte proportion ; ils portent les numéros 1, 2, 3, 4, 5, 6, 7, 8, 9, 10.

On pourrait y joindre les questions 22 et 23 qui sont de pures questions de physique mathématique, c'est-à-dire, au fond, de purs exercices de calcul.

A côté de questions à tournure absolument pratique comme les questions 3 et 28 et des questions relatives aux propriétés du fer (27) et des fils métalliques (11), on trouve, au contraire, des questions de pure spéculation comme les questions 1, 10, 22, 23 ou même des questions peu nettes et mal résolues comme celles qui portent les numéros 6, 20, 21, 26.

En résumé, c'est la caractéristique de l'esprit anglais d'être, d'une part, violemment pratique, résolument terre à terre en ce qui concerne les propriétés physiques susceptibles d'application à la machine à vapeur ou à la marine et, d'autre part, de perdre très volontiers de vue les réalités physiques pour se lancer dans des théories aussi mathématiques qu'incertaines et aboutir soit à l'explication de certains phénomènes naturels, soit à de pures fictions mathématiques qui nous donnent l'illusion de savoir quelque chose de plus dans l'étude des propriétés de la matière inanimée. A ce point de vue, l'influence de Maxwell sur l'enseignement de la physique en Angleterre est des plus caractéristiques.

TOULOUSE. — IMP. A. CHAUVIN ET FILS, RUE DES SALENQUES, 28.

www.ingramcontent.com/pod-product-compliance
Lightning Source LLC
Chambersburg PA
CBHW070805210326
41520CB00011B/1842